AF498397

Sodann erfolgte auch, unter eben dem Dato, nemblich den 20ten Decembris 1660. das General-Avocatorium, an alle in Chur-Pfältzischen Diensten stehende, zu dieser Sache etwa concurrirende Civil- und Militair-Bediente sub Lit. C. „ Sich we-
„ der gegen-Chur-Cölln, noch den Graffen von Wied, in ei-
„ nige Wege gebrauchen zu lassen, die Graffschafft Wied zu
„ raumen, denen Unterthanen keine Hülffe zu leisten, alles ge-
„ nommene wieder zu erstatten, oder zu gewärtigen, daß sie,
„ NB. vor Reichs-Rebellen erklähret, und gegen sie, als offene
„ Friedbrecher, mit Straff der Friedbrecher, auch andern im
„ Westphälischen Frieden verordneten, verfahren werden
„ solle rc.

§. 4.

Nachdeme nun die Kayserliche Commission, in weiterem Besag des Lit. D. auf die vorherig ergangene Contumacial-Sententias, gegen die ungehorsame Unterthanen, endlich zu Recht erkannt und inhæsive gesprochen hatte; ist zuforderist die Chur-Pfältzische Commission und Bedeckung, aus Kayserlicher Authorität, würcklich ausgeschaffet, und mithin die obige allergerechteste Manutenentia possessionis, in juribus Territorii & Regalium, offenkündig exequiret; diesemnach aber gegen die Unterthanen Sententz-mäßig verfahren worden; wobey es so ein- als andern Theils geblieben; da sich zumahlen die Unterthanen alsobalden ergeben, und, mit Erkenn- und Bereuung ihres grossen Fehlers, um Gnade gebetten, auch zu ihrer vorigen Schuldigkeit zurück gekehret; Gräfflicher Seiten man hingegen mit dem also judicialiter bestättigten Jure Territoriali & Regalium, so wohl in Ansehung des Chur-Pfältzischen Lehn-Hoffs, als der Leibeigenen Unterthanen, wie ohnehin Recht und unwidersprechlich gewesen, als noch über das in re judicata fundiret, sich allerdings sicher gehalten, und noch hält.

§. 5.

Es konte aber die von Alters eingepflantzte Unruhe nicht länger, als biß in Annum 1714. verborgen bleiben; da erstlich das Kirchspiel Anhausen, wegen nähers eingerichteter Wald- und Forst-Ordnung, zu conqueriren, und sich, altem Gebrauch nach)

nach, mit Gewalt zu widersetzen, auch zu besserem Behuff ein-
gebildeter Exemptione à jure forestali ejusdemque pœnis, so
gar das Eigenthum der Wälder zu prætendiren anfienge, aber-
mahls an Chur-Pfaltz liesse; doch anders nichts erhielte, als
daß es an das Kayserliche Cammer-Gericht verwiesen wurde,

Extrahiret beym Kayf. Cammer-Gericht Citationem &c.

und daselbsten Citationem ad videndum se manuteneri in pos-
sessione propriarum Sylvarum earundemque libera administra-
tione &c. una cum Mandato de restituendis pœnis & curribus
ablatis, tollendis Executoribus, &c. &c. sonder vorgehendes
Schreiben um Bericht, extrahirte; immittelst aber, und weilen man Gräfflicher Seiten der Unterthanen Beschwerden in
Anno 1660. in foro Cæsareo Aulico pendent angesehen, und
derohalben nur Declinatorias übergeben, mithin in Causa prin-
cipali wenig, oder gar nichts, gehandelt, die Gelegenheit fan-
de, durch angestellte Conventicula, und dabey concurrirende

Verleitet die meisten Kirchspiele zu gleich-mäßigem Proceß.

böse Consilia, die meisten Kirchspiele an sich zu ziehen, und zu
gleichmäßigem Process zu verleiten, um, bey grösserer Anzahl
von Renitenten, den Advocatum so besser bezahlen zu können.

§. 7.

Gestalt zu einem abermahligen General-Auf-stand.

Diesemnach kam es andern Theils, gegen das Jahr 1716.
fast wiederum zu einem General-Aufstand: Kirchspiele, die
vorhero keine Waldungen gehabt, wolten sich deren de facto
proprio anmassen; andere, die eigene Waldungen hatten, wolten selbst befehlen, und keine Forstliche Obrigkeit, weniger
deren Emolumenta, erkennen, sagten Dienst und Wachten,

Schuldiger Præstando-rum Absa-gung.

auch endlich, und in Summa, alle Reichs-Creyß-und andere
Præstanda ab, widersetzten sich der Landes-Herrlichen Execution, kamen in Wäldern zusammen, schätzten ihre Nachbahrn,

Zusammen-Rottirun-gen.

um grosse Summen Geldes zusammen zu bringen, schlossen diejenige, so nicht bey ihnen halten, oder auf den Landes-Herrn
und dessen Bediente lästern wolten, aus gemeinem Nutzen aus,
schütteten ihnen zum Beweiß das Feuer aus, und handelten unter spöttischer Traducirung ihres angebohrnen Landes-Herrn, so
übel, als man dahier nicht alle sagen mag. Nachdeme sie mit
dem Kirchspiel Anhausen völlig Causam communem gemacht,
sich gegen einander conjuriret, und also gesamter Hand, eine

Erschliche-ne neue Ci-tation.

neue Citationem ad videndum deduci Gravamina specialia, ad
sinistra narrata erschlichen, und die Idéen von einer unleidentli-
chen

chen Bedruckung, (obwohlen sie alle etwahige Härtigkeit durch ihre mehr als unleidentliche Wiedersetzlichkeit selbsten verursachet,) auf einige Zeit meisterlich scheinbahr zu machen wusten, unterdessen aber, (welches wohl zu bemercken,) nichtes in der Welt vergassen, durch ihren wohl belohnt- und potenten Advocatum Flender in minutissimis anzuklagen, und auf das äusserste zu betreiben, wie davon die unzehlige Exhibita, Decreta und Urthele in Actis Cameralibus genugsames Zeugnüß geben können.

§. 8.

Bey Vorwaltung dieser höchst beschwehrlichen Umständen, und, weilen die Landes-Herrliche, sonsten sich selbst zu schützen nach denen Reichs-Gesetzen befugte Macht und Gewalt gegen die äusserst excedirende Unterthanen zu schwach werden wollen; hat der damahlig regierende Herr Graff Friedrich Wilhelm selbsten klagen gehen, und in Camera Imperiali ein Mandatum de præstando pendente lite debitam obedientiam, servitia & onera consueta sine Clausula, und endlich ein Mandatum de Exequendo, auf den Westphälischen Creyß, auswürcken müssen wolte er anders zu dem Seinigen und denen biß dahin gemachten Rückständen gelangen.

§. 9.

Die Unterthanen suchten alles zu bewegen, um von der Zahlung frey und besser im Stande zu seyn, ihre widrige Intention, gegen den Herrn auszuführen, und zogen sich durch diesen Auffenthalt schwehre Executions- und Creyß-Commissions-Kosten auf den Halß, bewürckten nichts da weniger in Anno 1722. eine anderweite Commission, vor deren sie in 14000. Rthlr. Rückstand, und wiederum einige tausend Executions-Gebühren, durch ihr eigen Verschulden, zahlen musten; unterdessen sie noch wegen einem Puncto, die Wacht-Gelder betreffend, einmahl über das andere, Restitutionem suchten, und die klare Mandat-Sache, biß nach dem Tod ihres gnädigsten Landes-Herrn protrahirten.

§. 10.

Zwar hatte auch das Preißliche Reichs-Cammer-Gerichte, in Betreff derer vielen Privat-Geld-Erhebungen, womit sich die Process-Läuffer, zum Ruin der Armen und Unverständigen, bereichert, unter Straf des doppelten Ersatzes, in Sententia verbotten, und die Unterthanen angewiesen, allig-nöthige Erhebungen, mit Wissen gnädigster Herrschafft, zu thun und zu berechnen, auch alle Rottirung und Conventicula einzustellen; Es ist aber so wenig deme nachgekommen worden, daß man im Gegentheil von vielen tausenden, zu allerhand Usibus, täglich hören müssen, und dieses, so wenig als jenes, gäntzlich vermeiden können.

§. II.

Kirchspiels Anhausen an den Soldaten verübter Frevel.

Im Gegentheil liesse das Kirchspiel Anhausen in Anno 1736. als einige, so gefrevelt, und dessen überführet, mit einfacher Execution beleget wurden, anfangs mit wenig Männ zu Hauff, begiengen vielen Frevel an denen einzelen Soldaten, schimpfften, schändeten und droheten, Gewalt zu gebrauchen, wie sie bey Anrückung einiger Vermehrung und endlich einer gantzen Compagnie, mit dem einhellig bewehrten Aufflauff, auch kurtz darnach in der That erwiesen, und gewiß grosses Unheil angerichtet haben wurden, wann nicht das Preißl. Cammer-Gericht in Zeiten, ein Mandatum de desistendo & se submittendo, sub angustiori solito termino erkannt: auf der andern Seite aber ihre Abgeschickte auf Mannheim damahlen nicht so schlechtes Gehör gefunden hätten.

Dargegen ergehet ein Mandatum de desistendo &c.

§. 12.

Des Kirchspiels Rengsdorf Opposition.

Kurtz nach Ableden obgedachten weyland Herrn Graff Friedrich Wilhelm, Anno 1737. brauchte das Kirchspiel Rengsdorff gegen die eingestellte Holtzhauer in dasigen bißhero gantz ruhig besessenen Herrschafftlichen Waldungen einige Gewalt, pfändeten und droheten, schickten auch Botten im Land herum, um sich aller Bauren Hülffe zu versichern; machten abermahlen eine Deputation auf Mannheim, und wolten sich de facto eine Possession machen, worzu sie in dem vorangezogenen Processu der mehresten Kirchspiele Citationis, nur allein Specificationem, nicht aber die mindeste Ideam juris weder da noch sonsten beybringen lassen.

§. 13.

Obwohlen nun diese, durch ein Commando und ein abermahliges Mandatum Camerale, endlich zur Ruhe gebracht wurden;

den; so hatte doch das Exempel die 4. Dörffer beweget, aus eben so einem Principio sich dasiger Waldungen de facto proprio zu bemächtigen; diese haben, daß man weiß, niemahlen Prætension daran gemacht, darum auch gar nichts davon im Proceß angeführet, nachdeme gnädigste Herrschafft, (wie denen Kindern bekannt,) denen Eulner des Kirchspiels alle Jahr das Holtz da, gegen Zahlung, laut Accord, von 1685. abgegeben, und die Waldungen ohne Contradiction allein benutzet; und nichts da weniger liessen selbige, aller Vermahnung von Beambten und Notarien, ohnerachtet, auch gegen das Zuruffen ausgestellter Schildwacht, auf das Commando mit gewehrter Hand, so daß die Schildwache zum Feuer geben gezwungen, 4. verwundet, und damit den Hauffen unter Zureden von Chur-Trierischen Unterthanen noch zur Ruhe gestellet.

§. 14.

Bey der im Januario 1738. angesetzten Landes-Huldigung, ware das Lauffen so beschaffener Unterthanen und das Geld exigiren gar ausser der Masse, und im übrigen so weit gekommen, daß die Unterthanen, aus Beyrath böser Consulenten, durch Notarien und Zeugen, die Abthuung alliger in lite befangenen Gravaminum, pro Conditione ante Homagium fordern; im Weigerungs-Fall aber mit Chur-Pfältzischer Assistentz, und, wie sie sodann nicht huldigen würden, drohen dörffen.

§. 15.

Auf den Tag, da nur einigen Kirchspielen der Termin angesetzet ware, versamlete sich das gantze Land, Mann vor Mann, auf einer Wiese, und kamen auf die gesetzte Stunde, nicht in der Meinung zu huldigen, sondern den Proceß auf einmahl auszumachen, oder wenigstens denen beyden Kirchspielen zu assistiren, in einem Hauffen zur Stadt Neuwied gegen das Schloß, und wurden kaum durch das dritte ihnen publicirte Decretum und Bedrohung, wie man diese unbefohlne Vergadderung so vieler Menschen, am Ende vor einen Aufstand ansehen, und dagegen das Nöthige vornehmen würde, dissipiret, auch anderster nicht zur Schuldigkeit gebracht, biß daß die auf Mannheim Abgeschickte die gewisse Nachricht mitgebracht, daß Chur-Pfaltz ihnen zu helffen nicht gemeynet seye.

§. 16.

§. 16.

Als auch endlich in dem nemblichen Jahre, das Mandatum de Exequendo, in der Wacht-Gelder Sache, behörig insinuiret, und es wohl billig an dem ware, daß das Judicatum in restitutione de Anno 1732. endlich einmahl zur Execution gebracht würde; haben die Unterthanen abermahlen, und wieder mit schwehren Exactionen im Land, Deputatos, zur Beschwerde gegen das Cameral-Urthel so wohl, als Anzöpffung ihres Landes-Herrn, bey Chur-Pfältzischer Regierung und den Creyß-Directorial-Convent abgeschicket, mithin sich an Recht, so viel an ihnen gewesen, nicht vergnüget, wohl aber vergriffen, wie weiter unten mit mehrerm folget.

§. 17.

Die Unterthanen reden überhaupt von nichts, als vergleichen, von Billigkeit und dergleichen, da ihnen doch nichts mehrers zuwider ist; dann als man zu Ende des 1740. und Anfang letzt abgewichenen Jahres, mit einigen Kirchspielen darüber entriret, auch durch Vermittelung des Herrn Burggraffen von Kirchberg, als Graffen zu Sayn Excell. unter Adhibirung beyderseitiger Räthe und Bedienten, gantz aufrichtig und treulich mit ihnen zum Schluß gelanget, und die Nachfolge von andern Kirchspielen gewiß geglaubt; sind diese gute Leute durch Spott und Höhnen von andern fast täglich irre gemacht und biß an die Unterschrifft, durch gute vorgemahlte Hofnung von Chur-Pfältzischer immediaten Hülffe, von endlicher Resolution abgehalten worden.

§. 18.

Uberhaupt ist wohl in der Welt keine solche Art verhalßstarrigten Land-Volckes, als in hiesigen Gegenden anzutreffen; der jüngsthin geschehene Vorgang in dem Gräffl. Sayn-Hachenburgischen kan hievon einen wahren Beweiß abgeben; denn obwohlen die sanfftmüthige Regierung des dasigen Landes-Herrn von jedermann, besonders denen Unterthanen angepriesen wurde, so waren doch derer letzteren gottlose Gemüther alsogleich aufgebracht, als sie nur von einem in der Nachbahrschafft seyenden Chur-Pfältzischen Beystand und einer abgezielten Regiments-Veränderung einen Schall gehöret, daß sie mit vollem Hauffen einer Huldigung entgegen eileten, den geleisteten

theu-

theuren Eyd der Treue schändlich vergassen, und allerhand höchst falsche Beschwerden vorzubringen wusten.

Zu einem gleichen Beyspiel kan der Vorfall im Gräfflich-Wied-Runckelischen, zu Raubach Anno 1741. dienen, denn eben hier machten die Bauren eine Rottirung von vielen hunderten, und widersetzten sich durch würckliche Attaque dem ihnen zu ihrer verweigerten Schuldigkeit angeruckten Commando, wobey sie die höchst strafbahreste Thätlichkeiten begiengen.

§. 19.

Ja was brauchet es, um an die vom Anfang gesetzte Thesin, von der Unterthanen unruhigen Gemüths-Beschaffenheit, folglich auch auf deren Gefolge, zu gelangen, noch mehrere oder specialere Umstände anzuführen, da dieses eintzige genug ist, daß sie ihren alleinig-regierenden angebohrnen und so kurtz vorhero gehuldigten Landes-Herrn, unter dem Schein einen Vergleich zu præpariren, in der That mehr als jemahlen gegen Eyd und Treue betrogen, zugleich aber sich erfrechen mögen, durch grund-falsches Denigriren, und Otter-gifftiges Nachreden, auch verstellte ungegründete Lamenten, ein zu verfluchendes Werckzeug abzugeben, Jhro Churfürstl. Durchl. zu Pfaltz gegen ihren Landes-Herrn, den regierenden Herrn Graff von Neuwied, so viel an ihnen ist, in allewege zu irritiren, und dieselbe in nothwendige Contestation zu setzen, mithin ihres Orts nichts unterlassen, durch eine Ubergewalt dasjenige zu erlangen, was sie durch ordentliche Wege Rechtens niemahlen hoffen können.

Ihre Schein-Præparation zu einem Vergleich, und Irritation des Chur-Pfälzischen Hofes wider ihren Landes-Herrn.

§. 20.

Die viele nur obenhin erzehlte Machinationes, welche in facto wahrhafftig und in Actis judicialibus passim erwiesen zu finden, und, daß der mit solchen Intriguen angefüllte Bauer, unter währendem Process, niemahlen was ungezwungen gethan, sondern auf das äusserste ankommen lassen, ja, wie durch 20. und mehr Exempla zu erweisen, durch schwangere Weiber denen abgeschickten Soldaten, in die billigst abgenommene Pfandungen, oder gar denen Executanten in die Haare fallen lassen, um nur diese zu einem Excess zu bewegen, sich aber mit gottloser Exponirung der unschuldigen Frucht in Mutter Leibe, einen Vorwurff von der Grausamkeit ihres Herrn und ihres kläglichen Zu-

Ihre Handgriffe, wodurch sie sich befleissen ihre Herrschafft grausam vorzustellen.

C

stan-

standes zu machen; auf der andern Seiten hingegen ein Mitleiden zu erwecken: sind alle zusammen genommen, und an sich zwar ein verwerffliches Studium iniquitatis, und untrügliches Kennzeichen einer ungegründeten Klage, womit sich die Unterthanen, die lange Zeit her, am Kayserl. Cammer-Gericht Wechsels-Weise, mit der Chur-Pfältzischen Regierung, durch ihre Sollicitatores und andere Promotores ihrer Ausstudirten invectiven verstecket.

§. 21.

Allein dieses wird wohl niemand mit menschlichen Sinnen begreiffen, wie Unterthanen die Boßheit so weit treiben mögen, daß sie unter währender Güte, die man allzeit gern angenommen, und was thunlich, auch ohne Verletzung des Landes-Herrlichen Respects geschehen können, willig zugesaget, ihre vorherige Machinationes zu einer formellen Klage bey Chur-Pfaltz, und von dannen ausgebracht, daß spath im Herbst vorigen 1741sten Jahres, ein Chur-Pfältzischer Commissarius, gantz ohnversehener Dingen auf Neuwied, und nach Lit. E. mit der dispositiven Ordre, abgeschicket worden, allige derer Unterthanen Beschwerden, inter Vasallum & Subditos, in der Güte beyzulegen, oder allenfalls genau zu examiniren, und nach genugsamer Erkundigung ad Dominum directum feudi, zu einer anmaßlichen Cognitione feudali einzuberichten.

§. 22.

So gewiß nun eines Theils alle diese anmaßliche Beschwerden an sich betrachtet, keine Causas feudales concerniren, sondern ad subjectionem territorialem & Jura Statuum gehören, und ohne Ausnahme in Camera Imperiali pendent und theils unentschieden liegen; Andern Theils nach obig-angeführten, und mit Lit. A. biß D. belegten Decisis Imperialibus, einem regierenden Graffen von Wied das unumschränckte Jus territoriale & Regalium, wie von weit älteren, also noch mehr vor das künfftige und diese jetzige Zeiten, in Contradictorio beveestiget, und jederzeitige Herren Graffen, durch Reichs-Constitutions-mäßige Execution damahlen schon, gegen alle intendirte Turbationes manuteniret, weniger nicht ex duplici fundamento juris & judicati, ohn-interrumpiret, continuiret worden, auch, so lange Recht in der Welt, continuiret werden soll!

§. 23.

§. 23.

So wenig hat man Umgang nehmen können, gegen den anmaßlichen Commissarium zum feyerlichsten und zierlichsten zu
protestiren, ihme dabey zu versichern, daß nach sonderbahrer
der Sachen Beschaffenheit, man sich keinesweges einlassen, weniger einige Erkundigung gestatten, dieselbe vielmehr vor einen
thätlichen Eingriff in das Gräffliche illimitirt zustehende Territorium ansehen, und alle Reichs-Constitutions-mäßige rechtli-
che Mittele dagegen anwenden werde; Inmassen man Ihme zu
weiterer Besorgung der dißseitig-gegründeten protestirlichen
Nothdurfft, das Antwort-Schreiben sub Lit. F. behändiget,
und also denselben, sonder sich einzulassen, oder ihme, (so viel
man weiß, eine Cognition zu gestatten,) zurück gehen lassen.

Gehet ohne Cogniti-ons-Gestat-tung ab.

Lit. F.

§. 24.

Allein dabey ist es nicht geblieben, sondern die Chur-Pfältzische Regierung hat zu mehrerer Aufbringung der unruhigen
Gemüther, so gar unterm 23. Decembris vorigen Jahres offentliche Protectoria ausgefertiget, und, wie man die, (wie billig
und recht,) nicht respectiret, sondern dagegen nach wie vor, die
Jura Territorii & Regalium in allen Vorfallenheiten exerciret,
damit auch continuiren wird, die am 20ten Febr. jüngsthin ex-
pedirt und hier sub Lit. G. angehende Patentes, in denen
Kirchspiels-Dörffern am 27ten Febr. affigiren lassen, „worinnen
„ Sie beyden regierenden Herren zu Wied-Runckel und Neuen-
„ Wied, alle in vim Juris territorialis exercitendé Jura exigen-
„ di & exequendi untersagen, die ungehorsame und refractari-
„ sche Unterthanen in Protection nehmen, und endlich (welches
„ man niemahlen glauben sollen,) gegen die Herren selbsten in
„ Judicio Regiminis insuper sine omni causæ cognitione, eine
„ Citationem ad videndum deduci causas feloniæ erkennet!

Lit. G.

§. 25.

Wer die Lehn-Gesetze und Consuetudines nur im Anfang
eingesehen, und weiß, was Felonia heisset, muß billig über einem solchen gantz unerhörten Verfahren in voller Verwunde-
rung stehen, und wegen dem Gräfflich-Wiedischen, gegen alle
Rechte, gute Gewohnheiten und offenkündige Reichs-Constitu-
tiones, mit gewaltsamer Zunöthigung angegriffenen Landes-
Herr-

Gräfflich-Wiedische Protestati-on wider den Eingrif derer Jur. territor.

Herrlichen Recht und Gerechtigkeiten, ohne die geringſte Deductionem Juris zu erwarten, überzeuget ſeyn, mithin dem Herrn Grafen von Neuwied nicht verdencken, daß derſelbe, (wie hiermit vor dem gantzen Reich in beſter Form Rechtens geſchiehet,) offentlich und gegen alle Gewalt, mit vollkommenſten Recht, proteſtiret, die Kayſerliche allerhöchſte Majeſtät, Allerhöchſt-Deroſelben und des Reichs Gerichte, gleichwie alle Höchſt- und Hohe Reichs-Stände und einem jeden ins beſondere, um die in dem Land-Frieden de Anno 1521. und Erklährung deſſelben de Anno 1522. gleichwie dem Oßnabrück- und Münſteriſchen Friedens-Schluß, reſpective im 17. f. und 16. Artic. auch andern Reichs-Abſchieden und Wahl-Capitulationen ꝛc. ausgedruckte Hülffe und ſchleunigen Beyſtand omni me

Imploriret Reichs-Hülffe.

liori modo imploriret; auch gegen diejenige, welche an ſolchem Verfahren Schuld, (weilen man Sr. Churfürſtl. Durchl. als allzu milde berichtet, oder von wahrer Beſchaffenheit dieſer Sache nicht informiret, dergleichen gantz Geſetz- und Recht-widriges Verfahren, in Erwegung Höchſt Dero Weltgeprieſenen Æquanimität, nicht zugeeignet werden mag,) alle Competenz per Expreſſum reſerviret.

§. 26.

Dessen Beweg-Ursachen.

Und das alles kürtzlich noch um ſo mehr, als erſtlich aus dem vorherigen und ſonſten bekannt, daß Sr. Churfürſtl. Durchl. zu Pfaltz prætendirtes Forum feudale ſo wenig bey Gravaminibus derer Unterthanen und derſelben Erörterung ſchicklich, als jemahlen erkannt, auſſer dem aber auch in dieſer Sache, nach angezogenen Lit. A. B. C. D. durch Obriſt-Richterliche Erkantnuß, judicialiter aberkannt, mithin in contradictorio perpetuo & re judicata dagegen ohne Ar-ßnahm obtiniret worden.

Zweytens iſt aus denen vorherig angeführt-und in Actis judicialibus erwieſenen, auch noch weiters wo nöthig zu erweiſenden cavillatoriſchen Betragen derer GOtt und Ehre vergeſſenen Unterthanen abzunehmen, wie wenig deren Angeben Glauben beyzumeſſen, welche die gantze Zeit über, mit ſalva venia Lug und Betrug, gegen alle Huldigungs- und Unterthanen Pflichten, ihren Landes-Herrn in der Welt auskreiſchen, Ihme Ehre, guten Leumuth, ja endlich die Landes-Hoheit, Regalia und

De-

deren Emolumenta abzuſtricken, ja, (wie es das Anſehen haben will,) mit ſelbſt den verglichenen Kirchſpielen in neuen Verdruß zu ſetzen trachten.

Drittens ſind alle und jede vorbrachte Klagden, wie angezeigt, bereits in lite befangen, alſo daß die Actores mit dieſer intendirten Avocatione, zumahlen ad incompetens Judicium, denen bekanten Rechten und Conſtitutionen nach), bereits de facto Sach-fällig, und noch über das dem Judicio, welches dadurch an ſeiner Authorität angegriffen worden, zu nahmhaffter Straffe verfallen und zu condemniren.

Viertens alſo die contra jus in contradictorio perpetuo, rem judicatam & Conſtitutiones Imperii, ſalvo reſpectu, mit höchſtem Unrecht angemaſte Feudal-Cognitio an ſich unerfindlich, und incompetent, wegen des Subjecti materiæ aber lauter Sachen dabey obhanden, welche entweder in alio judicio pendent, oder als unwahr und erdichtet, ipſo jure null und nichtig, auch mit keinem Schein Rechtens zu juſtificiren, mithin eben ſo wenig zu dieſer Cognition zu ziehen ſind, als wenig ſolches der Churfürſtlichen Pfaltz vor mehr als hundert Jahren mit denen Herren Grafen von Leiningen angegangen, da dieſe gegen ihren Churfürſtlichen Lehen-Herrn, wider alle dergleichen Zunöthigungen, ſo gar durch den bekanten §. Cömites etiam de Leiningen &c. in dem Inſtrumento Pacis geſchützet worden, mithin das gantze Reich bey dieſem Exempel, ſein Mißfallen über dergleichen des Pfältziſchen Lehen-Hoffs Uebergriffe allſchon zu erkennen gegeben hat. Uber dieſes iſt gleichermaſſen Reichskundig und durch offenen Truck bekannt, welchermaſſen das Hoch-Gräffl. Hauß Erbach und andere Gräffliche Reichs-Stände bey ihren ex capite feudalitatis & prætenſæ privilegiatæ Juriſdictionis erlittenen Chur-Pfältziſchen Vergewaltigungen, bey Jhro Kayſerl. Majeſt. und denen Höchſten Reichs-Gerichten, jedesmahlen Rettung und Hülffe gefunden. Wovon zu ſehen beym

Ludolph Vol. 2. Symphorem. in miſcell. n. 3. à pag. 102. uſque 243.

woſelbſt auch die Cammer-Gerichtliche Sententz in Cauſa Erbach contra Chur-Pfaltz d. d. den 5ten May 1730. zu erſehen iſt.

Der Herr Graf von Wied dörffen ſich dennach aller rechtlichen Hülffe von Kayſerlicher allergerechteſten Majeſtät, als

D
vor

Provocatur ad exempla anderer wider Chur-Pfaltz, in ſimilibus caſibus, geſchützter Hoch-Gräfflicher Häuſer.

vor Allerhöchst Deroselben Thron sie diese Sache bereits gelangen lassen, getrosten, wie auch sich gegründeste Hoffnug zu Reichs-Constitutions-mäßiger Assistentz von sämtlichen Höchst und Hohen Herren Mit-Ständen, in fernerem unverhofften Weiterungs-Fall, machen, und wollen desfalls bey Kayserlicher Majestät und allen Ständen, geziemend einzukommen, in fernerem unverhofften Weiterungs-Fall, sich vorbehalten haben.

Bey.

Dehortatorium an Chur-Pfaltz, daß Er sich aller Gewalt-Thaten wider den Graffen von Wied äusseren solle.

Leopold von GOttes Gnaden Erwöhlter Römischer Kayser, zu allen Zeiten Mehrer des Reichs ꝛc.

WJr haben aus Ew. Liebd. Uns in Unterthänigkeit vorgebrachten beyden Schreiben vom 7. Septembris und gehenden Novembris jüngsthin mit mehrerem vernohmen, welchergestalt Sie sich gegen Unßern Kayserl. Reichs-Hoff-Rath beschwehret, ob hätte derselb Sie mit einiger in Sachen Friedrichen Graffen von Wiedt, und dessen ungehorsammen Unterthanen haltender Irrungen, auf des Churfürsten zu Cölln Liebd. zu deren Hinlegung den 18. Martii diß Jahrs erkenter, auch sonst andern verschiedenen Kayserl. Commissionen, ein zeithero offters gravirt, dannenhero Ew. Liebd. darüber mit einigen Chur- und Fürsten, zu communiciren veranlast, und in Verbleibung dessen umb Remedirung ahn die gesambte Reichs-Stände zu provociren sich bedingen, folgends auch auf gemeltes Graffen zu Wiedt, Unterthanen, bey Ew. Liebd. wider ihren Graffen noch weiter angebrachte Klagten bewogen worden, einige ihrer Räthe in Begleitung eintziger ihrer Völcker in die Graffschafft Wiedt zu schicken, allein zu dem Ende, damit dieselbe von der Graffschafft jetzigen Zustandt Information einziehen, gestalten Sachen nach solchen Streitigkeiten zwischen dem Graffen von Wiedt, und Unterthanen abhelffen, und also Ew. Liebd. Eigenthumb gäntzlicher Desolation rettey, und verwehren, auch die Unterthanen von fernerem angegebenem Gewalt des Graffen schützen solten, Uns demnechst unterthänigst bittendt, weilen diese Sach Dero von Uns und dem Heil. Reich zu Lehen tragender Graffschafft Wiedt gäntzliche Deterioration nach sich führete, und dannenhero für Ew. Lieb. als Eigenthums-Herrn ex capite directi dominii & deteriorationis feudi, vermeintlich gehörig seye, und also Ew. Liebd. die Cognitio dieser obgemelter Streitigkeit gebühre, daß Wir solche angeordnete Kayserl. Commission tanquam sub - & obreptitiè impetratam zu cassiren, und den Graffen von Wiedt

mit

mit seinem wider gemeldte seine Unterthanen habenden Suchen zuruck, und an Ew. Liebd. zu weisen gnädigst geruheten, noch auch vorerwehnte Abschickung Dero Völcker in Ungnadt vermercken wolten. Es haben Uns auch nicht weniger des Churfürsten zu Cölln Liebd. in einem ahn Uns den dreyzehenden Septembris, und ersten diß Monaths abgelasseuen Schreiben zu vernehmen gegeben, wasmassen Sie, auf erhaltene Unßere Kayserl. Commission, ihre Subdelegirte alsobald in rem præsentem abgeordnet, und Ew. Liebd. davon in Antwort, auf ihr bey Sr. Liebd. beschehenes schrifft= und mündliches Anbringen gebührende Notification gethan, und dann in Krafft solcher Unßerer Kayserl. obhabender Commission nachgelebet, dem Graffen von Wied auf sein Anruffen, wider dessen aufrührisch= und in fünf hundert Mann rottirt= auch gegen seinem Gräffl. Hauß im Anzug geweste Unterthanen etwan zwölf seiner geworbenen Soldaten zugeschickt; Es hätten aber gemeldte Graf Wiedische Unterthanen, solchen seinen Soldaten das Gewehr abgenommen, und dieselbe nicht allein übel tractiret, und biß an den Rhein durch das Isenburgische fortgewiesen, sondern auch wider seine, des Churfürsten zu Cölln Liebd. allerhand verkleinerliche Spott=Reden auszugiessen keinen Scheu getragen, derentwegen jetzt=gedachtes Churfürsten zu Cölln Liebd. zu Behauptung Unßerer Kayserl. Commission gebührenden Respects, auch den Graffen von Wied bey so aufrührisch= und bewafneten Unterthanen in Unsicherheit nicht stecken zu lassen, einige seiner Reuter und Fuß=Völcker, oberwehnte rebellische Unterthanen von einander zu bringen, in die Grafschafft geschickt, welche erstberührte Unterthanen von einander gebracht, und, Ew. Liebd. Reuteren, weilen dieselbe gedachte Unterthanen, in solcher ihrer Wider=setzlichkeit gestärckt, biß an den Rhein mitgenohmen, und demnechst ihres Wegs zu gehen mit guten Worten angewiesen.

Und weilen Ew. Liebd. Ihro des Churfürsten zu Cölln Liebd. abermahl geschrieben, was gestalten Sie entschlossen, einige ihrer Völcker den Unterthanen zuzusenden, hätten Sie gegen obermeldte Dero Räthe und Commissarien die Erinnerung thun lassen, daß sie sich gegen den Graffen von Wied aller Zu=nöthigung enthalten solten, widrigenfalls Sr. Liebd. vermög übernommener Commission aller erlaubten Gegen=Mittel sich auch zu gebrauchen nicht entübrigt seyn könten, dahin Sie auch

Ew.

Ew. Liebd. auf Dero wiederhohltes Schreiben, beantwortet
hätten; dessen doch ungeachtet hätten obbedeutete Ew. Liebd.
Räthe und Völcker der Grafschafft sich genähert, das Dorf
Heddesdorf, allwo die Chur-Cöllnische Völcker einquartirt
gewesen, umsetzet, die zu Fuß ins Dorf gerucket, und Sr. des
Churfürsten zu Cölln Liebd. Völcker insgesamt daraus gewiesen,
auch darzu zween gehorsame Unterthanen gefänglich auf das
Hauß Braunsberg hingeschleppet; und suchten durch diese und
andere Thätlichkeiten Sr. des Churfürsten zu Cölln Liebd. in
Verrichtung angeregter Ihr aufgetragener Kayserl. Commission,
zu verhindern.

Nun haben Wir nicht unterlassen, der gantzen Sachen
Verlauf, und wie es mit Erkennung dieser Commission, in
Unserem Reichs-Hof-Rath gehalten worden, anzuhören und zu
vernehmen; da Wir dann befunden, daß Ew. Liebd. von der
Sachen Umständen rechten Bericht nicht gehabt, und gedach-
tem Unserm Reichs-Hof-Rath theils Dinge vorgerückt, die sich
in facto gantz anderst verhalten, und demnach Ew. Liebd. keine
Ursach gehabt, denselben mit so beschwerlichen Zulagen bey einigen Ständen anzugeben, und zu verkleinern, zumahl auch der
unzuläßigen Provocation an das gantze Reich sich zu bedingen;
in Bedencken solche Commission von Ew. Liebd. eigenem Agenten
gesucht, wider Ew. Liebd. nicht erkannt, auch also eingerichtet,
daß, wie sie zumahlen nichts implicirt, so ex lege feudi seine Erörterung nehmen muß, also Deroselben vorgeschütztem directo
Dominio unnachtheilig, und Ihr ohnbenommen, nach wie vor,
die super facto deteriorationis zwischen Ew. Liebd. und dem
Graffen von Wied erweckte Differentien, welche gleichwohl Zeit
erkannter Commission Unßerm Reichs-Hof-Rath verborgen gewesen, rechtlicher Ordnung nach, auszuführen, biß dahin,
auch so lang Dieselbe mit Urtheil und Recht nicht entschieden, die
Unterthanen zur Ruhe, und schuldigen Gehorsam sich begeben,
Ew. Liebd. von der bißhero ihnen geleisteter ungebührlichen As-
sistenz abstehen, und im Werck zeigen, daß Sie via juris, und
wie im Reich zwischen den Ständen Herkommens, die Sach
auszumachen gedencken: können Wir nicht allein erwehnte Commission nicht zurück ziehen, sondern erachten Uns auch, in Erwegung Unßers Kayserlichen Ambts, befugt, auch schuldig,
gemeldtem Graffen von Wied, wider seine ungehorsame Unter-

 tha-

thanen, und sonst allen andern unbilligen Gewalt, Schutz, und
Hülf zu leisten.   Und hätten Wir zwar Uns umb so viel weniger
dergleichen thätlichen Beginnens, als nunmehr ahn Ew. Liebd.
Seiten sich im Werck hervor thut, vermuthen sollen oder mögen, nachdem nicht allein Unser Commiſſarius, obgedachten
Churfürſten zu Cölln. Liebd. Ew. Liebd. zu mehrmahlen die Ver-
ſicherung gethan, daß bey dieſer Commiſſion, zu Præjudiz Ihres Eigenthums, nichts vorgenommen, noch die Unterthanen
zu einem mehreren, als worzu ſie die Rechte, und das Herkommen verbinden, angetrieben werden ſolten, ſondern auch Ew.
Liebd. ſelbſt dieſe Sach bey Uns in ſo weit anhängig gemacht,
daß Sie die Aufhebung berührter Commiſſion an Uns gelangen laſſen; ſo auch dem Graffen, unter einem gewiſſen Termin, um ſeinen Bericht communiciret worden, und dannenhero ſich in alle Weg geziemet, daß Unßer Kayſerl. Reſolution
Dieſelbe darüber erwartet; Es kan auch dieſemnach die von Ew.
Liebd. alſo angenommene abermahlige Abſchickung Dero Räthe
und Kriegs-Völcker in des Graffen Territorium anders nicht,
als eine in allen Rechten, Reichs-Conſtitutionibus, und ab-
ſonderlich dem jüngſt aufgerichteten Friedenſchluß, hochverbot-
tene That-Handlung und Attentatum gehalten werden, und
müſſen Wir ſolche mit ſo viel gröſſerm Mißfallen empfinden,
alldieweil Unſer Kayſerl. Reſpect und Authorität hierunter zugleich angegriffen, und daſſelbe ſich damit nicht verantworten
läſt, ſammt Ew. Liebd. ſolches zu Conſervation Dero Eigen-
thumbs Information über die von den Unterthanen geklagte Be-
ſchwerden, und Hintertreibung des Graffen Inſolentien, an-
geſehen das Werck ſelbſt redet, daß auf ſolche Weiß, das Eigenthum gar nicht erhalten, ſondern gantz ohne Noth noch mehrers
evincirt werden muß, und Ew. Liebd. ad privationem ex capite
deteriorationis zu agiren ſich berechtiget zu ſeyn, vorgeben, ſo
weiſen Sie ja die Rechten dahin an, daß Sie als eine Parthey
dem Richter den Augenſchein überlaſſen, am allerwenigſten
aber denſelben mit ſolcher Kriegs-Macht ſuchen ſollen: zu deme Unßers Kayſerl. Commiſſarii eingeſchickte Relationes ſo viel
mit ſich bringen, daß nicht der Graf, ſondern deſſen Unbertha-
nen ärgerlich- und vermeſſener Weiß der Thätlichkeiten Anfang
gemacht, und zu Wehr und Waffen gegriffen, deren auch ſich
zu erwehren gedachter Graff keine fremde Soldaten in die Graf-

ſchafft

schafft geführet, sondern allein diejenige Hülff gebraucht, so
von Uns Er nach Anleitung der Reichs-Constitutionen, gesucht,
und erhalten, jetzo zu geschweigen, daß wann schon gedachter
Graff der Lehns-Deterioration überwiesen, und Lehens-fällig
zu erklähren wäre, Ew. Liebd. dannoch nicht gebühret, solche mi-
litarische Execution, zumahl **ohne Unsern** Consens **und Au-**
thorität, sondern Jhro vermög Unßerer jüngst ergangener
Kayserl. Resolutionen, frey, und bevorgestanden, und noch
frey und bevorstehet, Jhr Interesse und Nothdurfft wegen der
angezogenen Deterioration bey der Kayserl. Commission auch
Jhres Orts zu beobachten; Wann Wir auch gar nicht gemeint,
es dahin kommen zu lassen, daß in eines oder andern Willen stehen solle, die von Uns mit gutem Bedacht erkante Kayserl. Com-
missiones eigenen Gefallens, und manu militari abzuthun, noch
zu verstatten, daß diejenige Ständt, so Uns zu gehorsammen
ehren, zu Administrirung der Justiz sich gebrauchen, und mit
solchen Commissionen beladen lassen, oder auch diejenige, so
Unsere Kayserl. Hülf imploriret: derentwegen auf einige Weiß,
vergewaltigt, oder sonst beschwehret werden solten. Hierumben
so befehlen Wir Ew. Liebd. hiemit gnädig und ernstlich, daß Sie
ihre in der Graffschafft Wied geschickte Räthe, Befehlhaber,
und Kriegs-Völcker, alsobald nach Insinuation diß Unßers
Kayserl. Gebotts revociren, von allem Gewalt, gegen Unße-
ren Kayserl. Commissarien, wie auch den Graffen zu Wied, und
alle deren Angehörige ablassen, Sr. Liebd. in Verrichtung Jhrer
Commission weitere Verhinderung nicht thun, noch denen Unterthanen in ihrer Widersetzlichkeit, einigen Vorschub leisten,
und sich mit dem ordentlichen Weg Rechtens begnügen lassen,
auch daß Sie deme nachkommen, innerhalb zwey Monaten do-
ciren, widrigenfalls, und da dieser Unßerer wohlgemeinten
Abmah- und Erinnerung von Ew. Lbd. nicht nachgelebet werden solte, werden Wir nicht umbhin können, diejenige scharf-
Mittel vor die Hand zu nehmen, welche Uns zu Rettung
sowohl Unserer Kayserl. Hoheit und Authorität, als obberühr-
ter hieraus beschwehrter Ständt und deren Land und Leut,
des Reichs Ordnungen ahn die Hand geben, deren Wir
doch lieber entübrigt seyn wolten, als Wir dann auch dahin geneigt verbleiben, Ew. Liebd. in ihrer sonsten bey dieser

Graf-

Graffchafft, wie auch den andern hergebrachten Juribus, und
Freyheiten keinen Eintrag zu thun, noch daß es von andern ge-
schehe, zu verstatten: Versehen Uns demnach gegen Dieselbe
freundlich gnädiglich, Sie werden solcher Unserer wohlmei-
nender Kayserlichen Abmahnung alles ihres Inhalts gehorsamlich geleben, und zu einiger mehrer Weiterung nicht Anlaß
geben, und Wir seynd ꝛc. Wien den 20. Decembris 1660.

Leopold.

Vt Wilberich Freyher von Walbendorff.

Ad Mandatum Sacræ Cæfareæ Ma-
jestatis proprium.

Rheinhardt Schröder.

Lit. B.

Des Kayserlichen Mandati Inhibitorii in Sachen die Wiedische
Commission betreffend, de Dato Wien den 20ten
Septembris Ao. 1660.

Wir Leopold von GOttes Gnaden Erwöhlter
Römischer Kayser ꝛc. Entbieten N. allen und jeden
Churfürsten, Fürsten geistlich- und weltlich Prälaten,
Grafen, Freyen, Herrn, Rittern, Knechten, Land-Vogten,
Haubtleuthen, Vitzdommen, Vogten, Pflegeren, Verwese-
ren, Amtleuthen, Land-Richtern, Schultheissen, Burgemei-
stern, Richteren, Räthen, Bürgeren, Gemeinden, und in-
sonderheit denen Churfürsten und Ständen des Ober- und
Nieder-Rheinischen Creyßes, und sonst allen andern Unseren
und des Reichs Unterthanen, und Lieben Getreuen, welchen
dieße Unser Kayserl. Patent oder dessen glaubwürdige Abschrifft
vorkommen, (denen Wir nicht weniger dann dem Original selbsten vollkommen Glauben gegeben haben wollen,) Unsere Freund-
schafft, Kayserl. Gnad und alles Guts, und fügen Ew. LL. AA.
und Euch zu wissen, was gestalt Wir auf des Graffen Friede-
rich von Wied wider dessen ungehorsame Unterthanen Uns in
Unterthänigkeit vorgebrachte grosse Beschwärungen und Klagen, zu derselben gütlichen Hinlegung und Verhütung aller

daraus

daraus besorgenden gefährlichen Weiterungen Unsere Kayserl.
Commiſſion auf des Churfürſten von Cölln Liebd. erkennt, und
als gedachte Sr. Liebd. ſolche Uns zu wohlgefällig, unterthäni-
gen Ehren übernommene Commiſſion, auf vorgehende Edictal-
Citation der Gräfflich-Wiediſchen Unterthanen, und derſelben
gleichwohl immerzu beharrender vermeſſener Widerſetzlichkeit
und Ungehorſam, durch einige in der Graffſchafft Wied geſchickte
Mannſchafft zu Roß und Fuß, ins Werck zu richten, um gemeldte
aufrühriſche, und in 500. Mann rottirte Unterthanen von einander, zur Ruhe, und zu ſchuldigem Gehorſam gegen ihre natürliche
Obrigkeit zu bringen, ſich bemühet, Chur-Pfaltz Liebd. ſich unter-
ſtanden, gedachte Chur-Cöllniſche Völcker durch ihre in die Graf-
ſchafft Wied geſchickte mehrere Mannſchafft, zu überziehen und
hinaus zu weiſen, und alſo gemeldte Unſere Kayserl. Commiſſion,
unter dem Vorwand und Prætext, ob thäte die Cognitio dieſer
zwiſchen dem Grafen von Wied und deſſen Unterthanen erwach-
ſener Streitigkeit, Sr. Liebd. als Directo Domino der Lehnbahren Graffſchafft Wied gebühren, deren gäntzliche Deterioration
von gedachten Unterthanen, wider ihren Herrn, den Graffen
von Wied, bey Jhme geklagt worden wäre, gewaltthätig und
mit gewafneter ſtarcken Hand ſich widerſetzet, ungeachtet Wir
Uns wegen der von gedachter Chur-Pfältziſchen Liebd. die ge-
ſuchte Caſſirung ſolcher Unſerer Commiſſion annoch nicht reſol-
viret gehabt, ſonſten auch dieſe Unſere Commiſſion Jhrem vor-
geſchützten Dominio directo gantz unpræjudicirlich, noch Jhr
dardurch ihren ſuper facto deteriorationis mit dem Graffen habenden Streitigkeiten, rechtlicher Verordnung nach auszuführen, unbenommen, wann aber dergleichen des Churfürſten von
Pfaltz Liebd. verübte unverantwortliche Widerſetzlichkeit
und Gewaltthat nicht allein zu ſchimpflicher Verkleine-
rung und Verachtung Unſerer Kayserl. Hoheit und
Respects, ſondern auch zum ärgerlichen Exempel im gantzen Römiſchen Reich, und Aufwickelung der Unterthanen wider ihre Herren gereichen thut, dergleichen Gewalt-
thaten auch im allgemeinen Land-Frieden und des Heil. Reichs
Conſtitutionen, wie nicht weniger in dem aufgerichteten Inſtrumento Pacis höchſt-ſträfflich verbotten, Wir auch Krafft tra-
genden Kayserl. Amts ſchuldig, dahin mit allem Ernſt zu trach-
F   ten,

ten, damit der im Reich so theuer erworbene Ruhestand erhalten, und männiglich bey den Reichs-Satzungen und seinen habenden Rechten, wider allen Gewalt, kräfftiglich beschützet werde.

Hierunnen so gebieten Wir Ew. Liebd. Liebd. A. A. und Euch allen, obstehenden Unseren und des Heil. Reichs lieben Getreuen, in Krafft dieses offenen Briefs, daß ihr Chur-Pfaltz Liebd. dieser wider des Churfürsten zu Cölln Liebd. und dem Graffen von Wied, Unserer Kayserl. Commission zuwider, vorhabender Gewaltthätigkeit, Widersetzlichkeit, einzige Hülf an Mannschafft, Geld, Vivres, oder anderen Kriegs-Munition, wie die Nahmen haben mögen, noch sonsten einige Weeg heimlich oder offentlich leistet, noch solches Euren Unterthanen zu thun verstattet, denselben auch ernstlich verbietet, unter Chur-Pfaltz Liebd. einige Kriegs-Bestallung nicht anzunehmen, hergegen aber sowohl Unsers Kayserl. Commissarii, des Churfürsten zu Cölln Liebd. auf sein Ansuchen unverweigerlich allen möglichen Vorschub in allem und jeden, was Dieselbe zu Vollstreckung Unserer Kayserlichen Commission von nöthen haben mögten, unweigerlich wiederfahren lasset, bevorab wider die Chur-Pfältzische Völcker kräfftiglich assistiret, und dahin mit würcklicher Hülf förderlich erscheinet, damit solche aus der Graffschafft, und hingegen die Unterthanen zur Ruhe und schuldigem Gehorsam gebracht werden. Wie nun Ew. LL. AA. und ihr hierin verrichten was in dergleichen Fällen die Reichs-Constitutionen mit sich bringen, und Sie ohne das zu thun schuldig und pflichtig, also versehen Wir Uns dessen, darnach sich ein jeder zu richten rc. Geben in Unserer Stadt Wien, den 20ten Decembris Anno 1660.

Lit. C.

Copia Mandati Avocatorii in Sachen die auf Chur-Cölln erkannte Wiedische Commission belangend, den 20ten Decemb. 1660.

WIr Leopold von GOttes Gnaden rc. Entbiethen allen Chur-Pfältzischen Räthen, Bedienten, auch allen und jeden hohen und niedern Officiren und gemeinen Soldaten zu Roß und Fuß, welche in Chur-Pfältzis. Liebd.

Kriegs-

Kriegs-Diensten sich befinden, oder dieselbe noch künfftig an-
nehmen mögten, Unsere Gnad und hiemit zu wissen: Demnach
Wir auf des (Titul Graffen Friederichen von Wied,) wider
dessen ungehorsame Unterthanen bey Uns gehorsamlich angebrachte grosse Beschwerden, Unsere Kayserl. Commission auf
des Churfürsten zu Cölln Liebd. allergnädigst erkennt und aus-
fertigen lassen, Se. Liebd. auch dieselbe Uns zu wohlgefällig-un-
terthänigen Ehren willig übernommen, und solche Kayserl.
Commission der Gebühr und Ordnung nach zu gütlicher Hinlegung solcher Irrungen und daraus besorgender gefährlicher
Weitläufftigkeit, auch Manutention des Graffen bey seinen
hergebrachten Lands-Obrigkeitlichen Juribus, durch ihre Subdelegirte ins Werck zu richten, einen Anfang gemacht, und die ungehorsame Wiedische Unterthanen per Edictum publicum so
wohl, als durch offentliche Verkündigung von den Cantzeln,
zum erst-andern, und dritten mahl, bey Straf 500. Goldgül-
den, ad comparendum & audiendum Commissionem Cæsa-
ream, ordentlich citirt, die Unterthanen aber allein nicht er-
schienen, sondern sich so gar in 500. Mann rottirt, und über-
gangene Declarationem pœnæ sich ausdrücklich verlauten lassen,
daß sie Unserer Kayserl. Commission nicht gehorsamen, noch auf
einiges andern Chur- oder Fürsten, als Chur-Pfaltz Liebd. be-
fehlchet, was geben wolten, auch solchemnach wider Unserm
Kayserl. Commissarien, des Churfürsten zu Cölln Liebd. allerhand verächtliche Spottreden auszugiessen kein Scheu getragen, und gemeldter Sr. Liebd. auf Anruffen gemeldten Graffen von Wied, zu Sicherheit dessen Person und der Seinigen,
wider allen Gewalt in die Grafschafft Wied, Krafft habender
Commission, geschickte 12. Soldaten wehrloß gemacht, diesel-
ben mit Schlägen übel tractiret und davon gewiesen, und nun
gedachtes Chur-Cölln Liebd. in Krafft des von Uns Sr. Liebd.
dißfalls gegebenen Gewalts und Vollmacht mehrbemeldten
Grafen und dessen Angehörige zu schützen, die Unterthanen von
einander, und zur Ruhe zu bringen, und was sonsten Unsere
Kayserl. Commission nach sich führte, zu vollstrecken gesucht,
und zu diesem Ende einige mehrere Völcker zu Roß und Fuß in
gemeldte Grafschafft Wied geschickt, und hergegen Chur-Pfaltz
Liebd. unerwartet dessen, daß Wir der bey uns gesuchter Cassi-
rung solch Unserer ausgelassenen Commission nicht resolviret gehabt,

habt, unter einigem vorgeschütztem Prætext und Vorwand, ob
hätte die Cognition dieser zwischen dem Grafen von Wied und
dessen ungehorsamen Unterthanen haltender Streitigkeiten,
Jhme als Directo Domino feudi, und bey welchem die totalis
deterioratio der Lehnbahren Grafschafft Wied, von den Unterthanen wider obgemeldten Grafen geklagt worden wäre, alleinig
zustehen, und solchemnach seine Lehns-Gerechtsame durch Unsere Kayserl. Verordnung zu nahend gangen würde, gemeldter
Unserer Kayserl. Commission eigenmächtig sich widersetzet, und
die Chur-Cöllnische in die Grafschafft Wied geschickte Völcker mit stärcker Mannschafft durch Euch aus gemeldter Grafschafft zu weisen, auch zween gehorsame Unterthanen auf sein
Hauß Braunsberg gefänglich wegschleiffen lassen, und als gedachte Wiedische Unterthanen in ihrem Frevelmuth, Widersetzlichkeit und Ungehorsam wider ihre natürliche Obrigkeit, är-
gerlicher Weise zu schützen und anzufrischen, sich unterstehen
dörffen, ihr auch allbereit dergleichen Thätlichkeit würcklich
vorgenommen; wann aber Wir gedachtes Churfürsten Liebd.
wegen angegebener Deterioration und Ruin solch Lehnbahrer
Grafschafft, welche doch biß Dato von Deroselben zur Gebühr
nicht erwiesen worden, den ordentlichen Weg Rechtens, und
darzu Unsere Kayserl. Hülf, gutwillig anerbotten, solches aber
mit nicht geringer Verkleiner-und Beschimpffung Unserer Kayserl. Hoheit und schuldigen Respects auch gereichet, und ohne
dem so wohl denen allgemeinen Rechten, Reichs-Constitutionen und Instrumento Pacis als zuwider lauffet, Krafft deren
austrücklich versehen, daß ein jeder sich aller eigenmächtigen
Gewaltthaten äussern, und an ordentlichen Weg Rechtens benü-
gen lassen, und Wir dann dergleichen eigenmächtige an Hand
genommene Vergewaltigungen nachzusehen keineswegs ge-
meynt, auch solche abzustellen Kayserl. Amts wegen schuldig.

Hierumen gebiethen und befehlen wir hiemit Euch, auch
allen andern, so euch von diesen verbottenen That-Handlungen
anhangen, auch gemeinen Soldaten zu Roß und Fuß, wes
Stands oder Wesens die sind, von Kayserl. Macht, Vollkom-
menheit hiemit ernstlich und wollen, daß ihr nach Vernehmung
dieses Unsers Kayserl. Mandats, oder derselben glaubwürdiger
Abschrifft, (dero Wir nicht weniger, dann dem Original selbst,
vollkommenen Glauben beygemessen haben wollen,) euch eurer,

Uns

Uns, als dem höchsten Ober-Haupt, schuldigen Pflicht, erinnert, Chur-Pfaltz Liebd. Gebott und Verbott hierinnen kein weiter Folg leistet, wider des Churfürsten zu Cölln Liebd. noch dem Graffen von Wied und deren angehörige Völcker und Bedienten keinerley Weiß ferner gebrauchen lasset, sondern so bald die Grafschafft Wied räumet, die von euch occupirte Ort dem Graffen restituiret, den Unterthanen keine Hülf thut, und Unserer Kayserl. Commission ihren ungehinderten Lauf lasset, mit der Verwarnung, wo ihr solchem nicht nachkommen würdet, daß ihr alsdann vor Rebellen des Heil. Reichs erklährt, und wider euch samt und sonders, als offene Friedbrecher, Unsere und des Reichs schwehre Ungnad, und die sowohl in dem zu Münster und Oßnabrück aufgericht- als in dem allgemeinen Land-Frieden enthaltene Straf, wider euch ergehen solle, darnach sich ein jeder zu richten. Geben zu Wien, den 20ten Decembris 1660.

Lit. D.

IN Kayserlicher, Dero Churfürstl. Durchl. zu Cölln ꝛc. meinem gnädigsten Herrn, aufgetragener Commissions-Sachen des Hochwohlgebohrn Herrn Friederichen, Grafen zu Wied ꝛc. wider dessen ungehorsame Unterthanen eines-und andern Theils, ist auf die vielfältig, Nahmens Dero Römisch-Kayserl. Majest. Unsers allergnädigsten Herrn, ausgelassene, und verkündigte Einladungs-Brief allen darbey erwogenen Umständen nach, endlich zu Recht erkennt, daß zuforderist von den vorigen Subdelegirten am 8. (18.) Septembris im nächst verwichenen Jahr ertheilten Bescheid allerdings zu inhæriren, und einzufolgen, und derselbe gegen die bißhero noch ferner in halßstarrigen Ungehorsam verbliebene, und mit Veracht- und Verschimpffung alles gethanen Ermahnens, Betrohens, und Erbietens, nicht ein eintzig mahl zu Anhörung der Kayserl. wiederhohlter Commission, und darauf erfolgten Kayserl. Mandaten, erschienene Unterthanen, folgender gestalt würcklich zu exequiren und zu vollziehen seye: Daß vorhin an den beyden Orten zu Feldkirchen und Anhausen, allwo anfänglich die Conspirations-Stöck in die Erd gestellt, welche von den zusammen rottirten Unterthanen zu offenbahrer Conspiration und Verbindung gegen ihren Landes-Herrn, angegriffen worden, zu künfftigem

G

tigem Abscheu und Exempel, zwey Galgen aufgerichtet, und
die Nahmen derer Anfänger und Uhrheber desselben aufrühri-
schen Beginnens und Verfahrens daran geschlagen, selbige
auch nebens denen übrigen Ungehorsamen mit Confiscation ihrer
Güter bestrafft, und aus dem Land und Grafschafft Wied verwiesen und bannisiret werden sollen, mit dem Vorbehalt gleichwohl, daß höchstgemeldter Herr Graf gegen zwey oder drey aus
den vornehmsten Rädelsführern nach Befinden und ordentlicher
Erkenntnüß mit Leibes-Straf verfahren, und die vorgesetzte Straf
milderen, und nach eines jeden Verbrechen und Gelegenheit, in
eine willkührliche Straf verändern möge.   Uhrkund meiner als
Subdelegirten eigenhändiger Unterschrifft und beygedruckten
gewöhnlichen Ring-Pittschafft. Publicatum zu Hoheley, den
1. Februar. 22. Januar. 1661.

Adolph Becquerer, Doctor.

Louis Pitz.

Lit. E.

Copia.

Hoch-Wohlgebohrner Herr Graf;

Nserm Hochgeehrten Herrn Grafen, wird sonder Zweifel
annoch rückerinnerlich beywohnen, was vor verschiedene
Dehortations-Schreiben, an Denselben seithero den
Jahren 1716. biß hiehin, zum Besten derer disseitigen Lehens-
Unterthanen von der Untern-Grafschafft Neuwied von hieraus
erlassen worden; da nun aber an statt angehoffter gütlichen Re-
medur, bey Ihro Churfürstl. Durchl. die mehrmahls wieder-
hohlte beschwehrnde Anzeige geschehen, welchergestalten denen
Gemeinden ihre eigenthumliche Waldungen entzogen, und selbe
allzusehr ausgehauen, fort darab das Holtz einseitig verkaufft,
oder verkohlet, weniger nit an statt herkommlicher 4. Tägen,
nunmehr 54. Täg des Jahrs zu Hand- und Vieh-Frohnen ange-
setzt, und über dieses benebens denen 2000. Rthlr. ordinarie
Herren-Gelder, gantz neuerlich viele 1000. Rthlr. Kriegs-Gel-
der aufgebürdet; auch darauf würcklich exequiret würden.

Und dann Höchstgedacht Sr. Churfürstl. Durchl. als welchen an Beybehaltung Dero Lehns-Unterthanen hauptsächlich
mit

mit gelegen, dergleichen Klag-Wesen in alle Weege abgeholffen,
und in wie weit ein so anders gegründet seye, oder nit? ein vor
allemahl gnädigst wissen wollen;

Zu diesem Ende auch Uberbringern dieses Dero Stadt-Ge-
richts-Assessorn, Lt. Zwick, aus Ober- und Lehenherrlicher
Macht, dahin expresse abzuordnen bewogen worden, um der
Sache auf den Grund mit zu sehen, und sich nach Befinden,
derer allenfalls gegen das Herkommen, Verträgen, und rechtlicher Gebühr nach gravirten Gemeinden, nachdrucksame anzunehmen, anbey auch sonsten nachzusehen, was zu Dero Lehen-
herrlichem hohem Interesse erforderlich seyn mögte.

Solchemnach haben Unserm Hochgeehrten Herrn Grafen,
wir dieses unverhalten und zugleich ernstlich erinnern sollen, es
in solche Wege von selbsten beliebig einzuleiten, damit gedachte
disseitig eigenthumlich, und desselben unzienßliche Unterthanen
beruhiget, und das gesamte Lehen in keine Weise deterioriret,
auch dem Churfürstl. abgeordneten Licentiato Zwick, die Visi-
tation aller Orten, wo er es nöthig findet, frey und ohngehin-
dert gestattet, fort zu ohnbeliebigen Weiterungen kein Anlaß
gegeben werde. Wie Wir Uns dann dessen ohne weiteres An-
führen der Churfürstl. Lehen- und Oberherrlichen Befugnüsse
gäntzlich versehen, und mit vieler Hochachtung jederzeit verharren,

Unsers Hochgeehrten Herrn Grafen,

Mannheim den 9. Sept.   Dienstwillige
   1741.   Chur-Pfaltz. Regierungs-Raths Præsident,
           Vice-Præsident, Vice-Cantzler, Ge-
           heime und Regierungs-Räthe.

                 Vt W. G. v. Hillesheim mppr.

Lit. F.

Antwort-Schreiben an die Chur-Pfältzische Regierung, von
der Gräffl. Neuwiedischen Regierungs-Cantzley.

Hoch- und Wohlgebohrne &c.

Als Ew. Hoch- und Wohlgebohrn auf gantz ungegründe-
tes Angeben einiger widersinnig- und unruhigen Unterthanen der Nieder-Grafschafft Wied, an unsers gnädigen

gen Grafen und Herrn Hochgräffl. Excellenz gelangen zu laſſen, beliebet, das haben wir in Geſolg an uns gekommenen gnädigen Befehls mit ſchuldigſter Ehrerbietung verleſen, doch denen beſchaffenen Umſtänden nach dahin pflichtſchuldigſt beantworten ſollen: Wie ſehr empfindlich Sr. Hochgräfl. Excellenz zu Gemüthe gedrungen, daß die ſothane Ihro angeerbte Leibeigene Unterthanen, welche, (von alten Zeiten zu geſchweigen,) nun ſeither Anno 1714. biß hieher, alle nur erſinnliche Vexas, um ſich aller Landsherrlichen Hoheit zu entziehen, ſo inn- als auſſer Gericht aufgeſuchet; nun in dermahligen Zeit-Läufften einen abermahligen Abſprung wagen, und gleichſam nach Wohlgefallen ihrem angebohrnen Landes-Herrn responſable machen wollen; auf der andern Seite aber wider Vermuthen ſo viel Gehör geſunden, daß eine Churfürſtliche Regierung nicht nur deren unzeitige Klagden angehöret, ſondern ſo gar einen Commiſſarium zu Unterſuchung derer Gravaminum abgefertiget;

Wir abſtrahiren um der Kürtze Willen, wie nachdrücklich dieſer Punctus Cognitionis inter Dominum & ſubditos poſt annum 1660. von damahls Kayſerl. Majeſtät ausgemacht, und entſchieden worden, ſondern beziehen uns lediglich darauf, daß alles anbrachte von Jahren 1714. und reſpective 1716. bey dem Kayſerl. und Reichs-Cammer-Gericht würcklich pendent, und unter der Deciſion liege, theils auch ſo viel die Waldungen, und in ſpecie deren Poſſeſſion und Benutzung betrifft, vor unſers gnädigen Herrn, Hochgräffl. Excellenz, decidiret ſey! Gleichwie nun ſo wenig unſer gnädiger Herr, als wir, gegen Ihro Churfürſtl. Durchl. und die bekannte Lehens-Pflicht, das geringſte vorzunehmen willens, ſondern all ſchuldig unterthänigſte Veneration heegen, vielmehr hertzlich bedauern, daß durch ſo unbillig- als ungerechtes und unverantwortliches Denigriren untreu- und unruhiger Unterthanen, nur der geringſte Schein einiger Lehens-Contravention erwachſen mögen:

So geben Ew. Hoch- und Wohlgeborn, hochvernünfftigen Ermeſſen lediglich anheim, wie wenig man ſich auf das beliebte Zumuthen einlaſſen, noch weniger aber eine Unterſuchung an den abgeſchickten Herrn Lt. Zwick geſtatten können!

Nachdem aus denen Worten des Jüngern Reichs-Abſchiedes de Anno 1654. §. 166. als einem Reichs-Grund-Geſetze allzu klar erſcheinet, daß Niemand in Sachen, ſo am Kayſerl.

Cam-

Cammer-Gericht befange, sich einiger Cognition oder Erkennt-
nus unterziehen, sondern die solche als contra Jura, so gleich
casiret und aufgehoben seyn solle; welches ein hohes Churfürst-
liches Collegium bey letzter Wahl und Crönung, in Capitulatio-
ne weyl. Caroli VI. §. XV. noch deutlicher dahin erklähret, daß
weder der Kayser noch einiger Churfürst, oder andere Stände
des Reichs, auch nicht einmahl sub specie feudalitatis nexus,
befugt seyn solle, über dergleichen gerichtlich befangene Sachen
zu erkennen, selbige an sich zu ziehen, oder ichtwas zum Præjudiz
des ein oder des andern Theils darinn vorzunehmen;

Und ob wir wohlen gantz getrost angehen können, gründ-
lich zu zeigen, wie mit falschem Ungrund der wenigen Queruliren-
den Anbringen, zur allgemeinen Unruhe, und nur allein zur In-
versione juris abziehle, da dieselbe noch letztlich in causa die
Wacht-Gelder betreffend, post tot judicata & Mandata de exequendo, gleichwohlen noch getrachtet, die Sache vor dem
Lehn-Hoff zur neuen Cognition zu ziehen, und ab ovo anzufan-
gen! und wie dieselbe dardurch der pœnæ constitutionis (die wir
gegen selbige ausdrücklich vorbehalten,) mit grösstem Recht schuldig worden;

So leben dagegen der getrosten Hofnung, Ew. Hoch-und
Wohlgebohrn werden in Betrachtung sothaner Umstände, unsers gnädigen Herrn, Hochgräffl. Excellenz, weiter nichts zumuthen, sondern den Abgeschickten so balden avociren, dagegen
aber zu rechtlicher Animadversion hochgeneigtest communiciren,
was ersagte Bauren, und mit was vor einer Legitimation dieselbe ihre vermeinte Gravamina eingegeben; Inmassen dieses alles
mit der Lehenbarkeit, davor man iterato den unterthänigsten
Respect bezeuget, gantz keine Gemeinschafft hat, worüber wir
de meliori protestiren, immittelst aber in devotest-schuldiger
Hochachtung ohnabläßig verharren. Neuwied den 16. Octobr.
1741.

H

Lit.

VOn GOttes Gnaden, Wir Carl Philipp, Pfaltz-Graff bey Rhein, des Heyl. Röm. Reichs Ertz-Schatz-meister, und Churfürst, in Bayern, zu Jülich, Cleve und Berg, Hertzog, Fürst zu Mörs, Graff zu Veldentz, Sponheim, der Marck, und Ravensburg, Herr zu Ravenstein ꝛc.

Fügen hiemit jedermann, und besonders denen Gräfflich-Neuwied- und Wied-Runckelischen Beamten, Schult-heissen, und Bedienten, abermahlen, und erstlich zu wissen: was gestalten Unsere eigenthümlich-Gräfflich-Neuwied- oder Wied-Runckelische, oder Dierdorffische Lehens-Unterthanen bey Uns, und Unserm Ober-Lehn-Hoff, wiederhohlter sehr kläglich angebracht, wie daß Unsere Vasallen, beyde Gräffen von Neuwied, und Wied-Runckel, oder Dierdorff, Unsers sub Dato den 2. Decemb. vorigen Jahres ertheilten Protectorii ungeachtet, diese Unsere eigenthumliche Lehens-Unterthanen, und sämtliche Landes-Kirchspielen, mit vieler schwehrer Execution de novo, dem alten Herkommen, und deren Lehens-Unterthanen Gerechtsamen zuwider, beladen, und von diesen klagenden armen Unterthanen, so vielerley Gelder und Præstan-da exigiren lassen thäten, welches alles zu præstiren die blosse Unmöglichkeit, vielweniger die samtliche Kirchspielen die viele neue Auflagen zu præstiren schuldig wären; Gestalten Wir aber als Ober-Lehen-Herr diesem allzu enormen Verfahren Unserer bey-den Vasallen länger nicht nachsehen, noch die bißherig-glaublich angebrachte, theils bescheinigte viele Excessen, ungeahndet belas-sen können, mithin sowohl Unsern Chur-Pfältzischen Lehen-Fiscal, gegen diese Unsere beyde Vasallen, behörig excitiret, als auch ein geschärfftes Mandatum de sistendo ab omni violentia & excessu, una cum citatione ad videndum deduci causas Feloniæ, gnädigst erkennet haben; dahero befehlen Wir gedachten Unsern beyden Vasallen, Graffen von Neuwied und Wied-Runckel, oder Dierdorff, besonders auch denen Beamten, Schultheis-sen und Bedienten hiemit nachdrücklichst, sämtlich Unsere eigen-thumliche Lehens-Unterthanen beyder Graffschafften, mit all-ferneter Gewalt, und schwehrer Execution, zu verschonen, be-sonders auch mit Devastirung deren Wälder, und Exigirung

deren